Bibliografische Information der Deutschen Nationalbibliothek:

Die Deutsche Bibliothek verzeichnet diese Publikation in der Deutschen National-bibliografie; detaillierte bibliografische Daten sind im Internet über http://dnb.d-nb.de/ abrufbar.

Impressum:

Copyright © 2009 GRIN Verlag, Open Publishing GmbH
Druck und Bindung: Books on Demand GmbH, Norderstedt Germany
ISBN: 9783640683529

Dieses Buch bei GRIN:

http://www.grin.com/de/e-book/154841/das-system-zentraler-orte

Max Essig

Das System zentraler Orte

Ein alter Hut?

GRIN Verlag

GRIN - Your knowledge has value

Der GRIN Verlag publiziert seit 1998 wissenschaftliche Arbeiten von Studenten, Hochschullehrern und anderen Akademikern als eBook und gedrucktes Buch. Die Verlagswebsite www.grin.com ist die ideale Plattform zur Veröffentlichung von Hausarbeiten, Abschlussarbeiten, wissenschaftlichen Aufsätzen, Dissertationen und Fachbüchern.

Besuchen Sie uns im Internet:

http://www.grin.com/

http://www.facebook.com/grincom

http://www.twitter.com/grin_com

Julius-Maximilans Universität Würzburg

Seminar Stadtgeographie

Seminararbeit

Das System zentraler Orte
Ein alter Hut?

Michael Maximilian Essig

Würzburg, den 27.07.2009

Inhaltsverzeichnis

1 Einleitung

In Zeiten der Globalisierung ist es selbstverständlich Produkte aus allen Herren Ländern zu beziehen. Heutzutage definiert man sich durch das was man kauft. Der italienische Kleinwagen, die Jeans aus Amerika und das Essen aus Asien. In einer Großstadt ist es keinerlei Problem sich hinsichtlich seiner Vorlieben auszuleben. Die Produkte kauft man in Geschäften, die entweder zu Fuß, mit dem Fahrrad, mit der Straßenbahn oder anderen Verkehrsmitteln binnen weniger Minuten erreichbar sind. In einer Stadt ist das Angebot an Produkten größer als tatsächlich benötigt. Es geht über die Grundversorgung hinaus.

Das Leben auf dem Land steht im krassen Gegensatz zu dem Leben in der Großstadt. Der demographische Wandel bedingt einen stetigen Bevölkerungsrückgang in ländlichen Kommunen. Durch den Bevölkerungsrückgang entstehen erhebliche Probleme für die ansässige Bevölkerung. Der ÖPNV reagiert auf die Rückläufige Inanspruchnahme von Fahrten mit Streichung von Fahrten. Ältere Menschen haben dadurch zum Teil große Schwierigkeiten Einkäufe zu erledigen oder auch einen Arztbesuch wahrnehmen zu können.

Solchen Problemen sollte sich das Raumordnungsgesetz annehmen. Die vorliegende Arbeit befasst sich mit dem Thema des Zentrale Orte Konzepts in Rheinland Pfalz am Grundzentrum Otterberg. Wie ist die Ausstattung des Grundzentrums Otterberg? Steht Otterberg unter großem Konkurrenzdruck mit dem nahegelegenen Oberzentrum Kaiserslautern? Wie versucht Otterberg seine Position zu stärken? Was sind die Stärken und Schwächen von Otterberg. Diesen und noch anderen Fragen sollen in dieser Seminararbeit nachgegangen werden.

2 Die Zentrale Orte Theorie

Die allgemeine Stadtgeographie verfügt über viele Forschungsrichtungen. Eine dieser Forschungsrichtungen ist die so genannte Zentralitätsforschung. "Die Zentralitätsforschung beschäftigt sich mit tertiären bzw. quartären Funktionen und deren Angeboten in unterschiedlichsten Standorträumen, die man auch Zentrale Orte nennt. In der Zentralitätsforschung wird jedoch neben der Ausstattung der Zentralen Orte mit Einrichtungen des tertiären und quartären Sektors vorrangig die Inanspruchnahme zentraler Funktionen oder Zentraler Orte durch Konsumenten, Kunden etc. untersucht; deren Bedeutung und Reichweite dienen als Maß der Zentralität." (Heineberg, 2004, S. 183)

2.1 Die Klassische Theorie der Zentralen Orte

Begründer der Theorie der Zentralen Orte ist WALTER CHRISTALLER. In seiner Dissertation über "Die Zentralen Orte in Süddeutschland" aus dem Jahre 1933 verfolgte CHRISTALLER das Ziel, Gesetzmäßigkeiten über die Größe, die Anzahl und die räumliche Verteilung von Siedlungen zu treffen. (vgl. Gebhardt u.a., 2007, S. 654; ARL, 2005, S. 1307)

Die Theorie " basiert auf der ökonomischen Überlegung, dass Güter und Dienste nicht in gleicher Weise und Häufigkeit von den Bewohnern eines Raumes in Anspruch genommen werden." (Heineberg, 2006, S. 86) Produkte wie z.B. Essen sind Güter des täglichen Bedarfs, sie müssen leicht erreichbar sein. Im Gegensatz zu den Gütern des täglichen Bedarfs stehen die Güter des langfristigen Bedarfs, also z.B. Luxusartikel wie Fernseher und Bekleidung. Diese Güter werden nicht täglich nachgefragt. Deshalb gilt, " je seltener ein Gut oder Dienst benötigt wird, um so größer muss das Absatzgebiet (zentralörtlicher Bereich) sein, um ein derartiges Angebot wirtschaftlich erbringen zu können." (Heineberg, 2006, S.86)

Allerdings legt CHRISTALLER bei seinen Überlegungen sehr restriktive Verhaltensannahmen und räumliche Ausgangsbedingungen zugrunde. In seiner Theorie ist der Mensch ein "homo oeconomicus", "also ein wirtschaftlich völlig rational handelnder Mensch, der über vollständige Gewissheit und Information des wirtschaftlichen Erfolgs seiner Handlungen und über alle Handlungsalternativen verfügt. Letzteres ist mit der Annahme der optimalen Gewinnmaximierung durch die Anbieter zentraler Güter und Dienste und der Annahme der optimalen Minimierung der Ausgaben der Bedarfsdeckung durch die Konsumenten gekoppelt. Schließlich wird vorausgesetzt, dass die Summe dieser individuellen Optimierungen auch gesamtgesellschaftlich optimal ist, d.h. im Raum soll eine minimale Anzahl zentraler Orte so verteilt sein, dass kein Gebietsteil unversorgt bleibt. Als räumliche Ausgangsbedingungen werden in der Theorie der Zentralen Orte eine äußerst vereinfachte Wirtschaft und ein homogener Raum angenommen, in dem nahezu alles als konstant angesehen wird. (wie gleichmäßige Bevölkerung, der Einkommen, der Konsumbedürfnisse, gleichförmige Gestaltung des Verkehrsnetzes etc.). Lediglich die Kosten für den Transport werden als variabel vorausgesetzt; letztere werden vereinfachend direkt als proportional zur kürzesten Distanz zwischen Wohnstandort und Zentralem Ort angenommen." (Heineberg, 2006, S. 87-88)

Aus diesen sehr restriktiven Prämissen und Überlegungen lassen sich vier Grundthesen aus der Arbeit CHRISTALLERS zusammenfassen:

1. Die Stadt (zentraler Ort) "hat Mittelpunktfunktion. In ihr werden Güter und Dienste zentral angeboten, die dispers verbraucht werden. Sie bietet Güter und Dienstleistungen über den Eigenbedarf ihrer Einwohner hinaus an. Dieser relative Bedeutungsüberschuss verleiht ihr einen gewissen Zentralitätsgrad."

2. Die Reichweiten von Güter und Dienstleistungen sind unterschiedlich, d.h. die Nachfrage nach einem Gut bzw. einer Dienstleistung nimmt mit zunehmender Entfernung ab. Hieraus "ergeben sich Größenklassen zentraler Orte mit jeweils bestimmtem Güter- und Dienstleistungsangebot, also ein Hierarchie, und zwar eine gestufte Hierarchie, keine kontinuierliche Rangfolge."

3. "Die beste Versorgung wird bei gleichen Abständen der zentralen Orte erreicht, d.h. wenn diese auf den Kanten gleichseitiger Dreiecke liegen, die sich zu Sechsecken zusammenfügen. Die Verteilung der Städte über ein Gebiet und ihre Lage zueinander sind also durch ihre jeweiligen Ergänzungsgebiete so festgelegt, dass sich auf jeder Stufe der Hierarchie die symmetrische Anordnung des Hexagons ergibt. Es ist dasjenige Polygon, das zugleich raumausfüllend und dem Kreis am ähnlichsten ist und zur Bienenwabenform führt."

4. "Ein dynamisches Moment besteht darin, dass sich in der Entwicklung des zentralörtlichen Systems ständig das Versorgungs- oder Marktprinzip, das Verkehrsprinzip und das Prinzip der Absonderung und Zuordnung miteinander befinden. Je nach Dominanz des einen oder anderen (in stärker industrialisierten Räumen wird es das Verkehrsprinzip sein) Prinzips enthält ein Ergänzungsgebiet auf einer bestimmten Zentralitätsstufe drei (als Konstante k = 3 beim Versorgungsprinzip [Abb.1]), vier (k = 4 beim Verkehrsprinzip [Abb.2]), oder sieben (k = 7 beim Zuordnungsprinzip [Abb. 3]) Ergänzungsgebiete der nächst niedrigen Stufe." (Hofmeister, 1999. S. 75- 76)

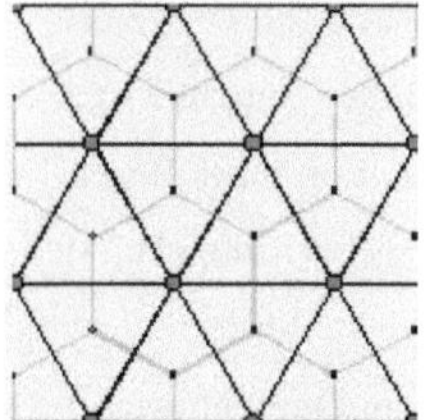

Abb. 1: Versorgungsprinzip

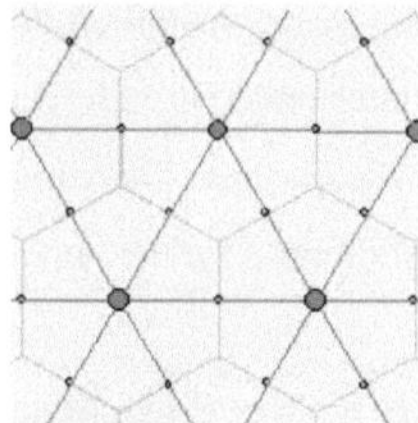

Abb. 2: Verkehrsprinzip

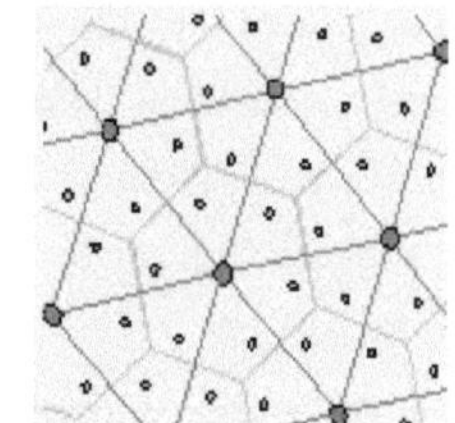

Abb. 3: Zuordnungsprinzip

(Quelle: MyGeo.info URL: http://www.mygeo.info//skripte/skript_bevoelkerung_siedlung/lanu2.htm letzter Aufruf: 25.07.2009)

2.2 Kritik am Modell der Theorie der Zentralen Orte

Die Kritik an dem Modell ergibt sich alleine schon aus den restriktiven Annahmen bzw. den räumlichen Bedingungen denen sich CHRISTALLER bedient. Das Modell kann " nicht die wirklichen komplexen Strukturen und Prozesse zentralörtlicher Systeme hinreichend abbilden bzw. erklären."

Den "homo oeconomicus" gibt es in der Realität nicht und die Prämisse des vollkommenen Marktes eben so wenig. Das Menschenbild ist somit unzureichend, welches das " menschliche Handeln auf die Intention der Nutzenmaximierung reduziert." Ebenso klammert die Prämisse "Organisationsformen aus, die nicht dem Marktmodell entsprechen. Die bedeutet eine Ausklammerung der Verwaltung und Politik, wo hierarchische und kooperative Organisationsformen vorherrschen. Durch diese beiden Defizite bietet die Theorie der Zentralen Orte kaum Anschlussstellen für die moderne wirtschafts- und sozialgeographische Theoriebildung, in deren Zentrum gerade das Handel der Menschen in seinem Verhältnis zu raumstrukturellen Möglichkeiten und Restriktionen steht." (Heineberg, 2006, S. 90)

Dennoch wurde das Modell von Christaller in abgewandelter Form Instrument der Raumplanung in Deutschland.

3 Das Zentrale Orte Konzept in der Raumplanung

3.1 Geschichtlicher Überblick

Das auf der Zentralen Orte Theorie aufbauende Zentrale Orte Konzept wurde in der Bundesrepublik in den 1960er und 1970er Jahren zum Instrument der Raumordnung.

Voraus ging der erste Raumordnungsbericht im Jahre 1963. Man erkannte erhebliche Disparitäten zwischen ländlichen und städtischen Gebieten. Die Disparitäten machten sich vor allem durch eine fehlende Ausstattung sowie Infrastruktur bemerkbar. Dementsprechend wurde im Jahre 1965 das Raumordnungsgesetz installiert um sich genau diesen Problemen anzunehmen. In dem Gesetz wurde unter anderem gefordert, "in Gebieten mit zurückgebliebenen Lebensbedingungen die Förderung von Gemeinden mit zentralörtlicher Bedeutung einschließlich der zugehörigen Bildungs-, Kultur-, und Verwaltungseinrichtungen" zu unterstützen.

In den 1960er Jahren legten die Länder in ihren Programmen und Plänen Orte mit zentralörtlicher Bedeutung fest. Dadurch wurde das Zentrale Orte Konzept zum raumordnungspolitischen Instrument.

1968 wurde auf der Ministerkonferenz für Raumordnung eine einheitliche Terminologie der Zentralen Orte verabschiedet. Fortan unterschied man zwischen Oberzentren, Mittelzentren, Unterzentren und Kleinzentren. Die Oberzentren haben die Aufgabe der Bedienung des "spezialisierten gehobenen Bedarfs", die Mittelzentren erfüllen die Deckung des "gehobenen Bedarfs", die Unter- bzw. Kleinzentren dienen der "Grundversorgung" der Bevölkerung.

Durch die sich weiterverbreitende Privatmotorisierung veränderten sich schnell die Ansprüche an das Zentrale Orte Konzept. Es wurde auch Kritik an der flächendeckenden Versorgung breit. Deshalb konzentrierte man sich in den 1970er Jahren auf die Mittel- bzw. Oberzentren. Man verabschiedete einen Katalog mit der anzustrebenden Ausstattung der Zentren.

In den 1980er Jahren erkannte man die herausragende Bedeutung der Oberzentren als regionale Absatzmärkte und deren Infrastruktur. Auch hier wurde ein Katalog typischer Einrichtungen der Oberzentren herausgegeben.

Während der 1980er unterlag das Konzept aber immer zunehmender Kritik. Oft wurde die "starre Raumstruktur" kritisiert. Dennoch blieb das Konzept weiterhin Bestandteil der Gesetze, Programme und Planungen der Raumordnung.

Aufgrund der Wiedervereinigung Deutschlands erlebte das Zentrale Orte Konzept in der 1990er Jahren eine gewisse Renaissance. Es diente in den neuen Bundesländern "als Leitlinie für die Infrastrukturplanung." (vgl. Stiens, 1998, S. 421- 434)

3.2 Das "Neue Zentrale Orte Konzept"

Wie man in Kapitel 3.1 erkennen kann wurde das Konzept seit seiner Geburt bis heute stetig kritisiert. Dennoch setzte sich das Konzept durch, und ist bis heute in der Raumordnung das Konzept dem man sich bedient.

Dies liegt daran, da es nicht so starr ist, wie man tatsächlich annimmt. In seiner jungen Geschichte wurde es ständig verändert und erweitert. Im Jahre 2001 konstituierte die Akademie für Raumforschung und Landesplanung einen Arbeitskreis, der die Aufgabe hatte, über Möglichkeiten der Fortentwicklung des Zentralen Orte Konzepts nachzudenken. An diesem Arbeitskreis nahmen unter der Leitung von Blotevogel namenhafte Geographen, Planer und Ökonomen Teil.

Die Überlegungen und Empfehlungen des Arbeitskreises sollen im Folgenden kurz aus der Sicht von GEBHARDT vorgestellt werden:

- Aufgrund des großen Bekanntheitsgrades in der Öffentlichkeit aber auch in der Politik spielt das Zentrale Orte Konzept eine wichtige Rolle in der "**Rahmung von Realitäts- und Problemwahrnehmungen.** [...] Zentrale Orte lassen sich auch graphisch anschaulich darstellen und sind damit auch für Laien lesbar und fördern damit die Konsensbildung: sie haben eine befriedende Funktion im interkommunalen Wettbewerb. Letztlich bilden sie damit ein Instrument für das , was in der Wirtschaftspolitik heute gerne als regional foresight angesehen wird."

- **Sozial gerechte Verteilung von Ressourcen**: "Der Gesetzauftrag zur Herstellung gleichwertiger Lebensverhältnisse [...] verpflichtet den Staat zum Eingreifen bei Marktversagen. Im ländlichen Raum hat das Zentrale Orte Konzept [...] in der Vergangenheit dazu beigetragen, großräumige Verödungsprozesse und damit eine massive selektive Abwanderung" von Menschen verhindert. "Ein Mindestmaß an Versorgungsgerechtigkeit" muss sichergestellt werden und kann durch das Zentrale Orte Konzept gesteuert werden.

- **Ökonomisch effizienter Einsatz von Ressourcen**: "[...] so vermeidet z.B. eine am Zentrale Orte System orientierte Standortentwicklung von Einzelhandel und Dienstleistungen tendenziell die mit nicht- integrierten Standorten auf der "grünen Wiese" verbundenen externen Kosten (Sozial- und Umweltkosten) und dient einer aus gesamtwirtschaftlicher Sicht effizienteren Nutzung der bestehenden Infrastruktur, so dass die Entstehung von so genannten "versunkenen" Kosten vermieden wird."

- **Ökologische Begrenzung des Verbrauchs von Ressourcen**: "[...] eine Orientierung am Zentrale Orte Konzept " dient " auch dem sparsamen Einsatz von Flächenressourcen. Seine ökologische Funktion wird im Verkehrsbereich besonders deutlich." Das Konzept "stellt das idealtypische Modell an Verkehrsvermeidung (bzw. Verkehrsminimierung) orientierten Entwicklung dar.

- **neue Hierarchiestufen**: Zentrale Orte müssen sich von ihren starren Gemeindegrenzen lösen und im "Sinne eines Standortclusters zentralörtlicher Einrichtungen verallgemeinert aufgefasst werden." Es wird vorgeschlagen, "am unteren Ende der Skala auf die differenzierte Betrachtung von Klein- und Unterzentren zu verzichten, und einheitlich von Grundzentren zu sprechen, und umgekehrt am oberen Ende jenseits der Oberzentren Metropolregionen zu etablieren." Außerdem wird empfohlen sich von den traditionellen Ausstattungskatalogen abzuwenden.

Es ergeben sich folgende Hierarchische Einstufungen:

- Metropolregion (MR): Regionale Agglomeration zentraler Einrichtungen mit internationaler Bedeutung (Unternehmensverwaltungen und -dienste, Finanzwesen, Verkehr, Wissenschaft und Forschung, Kultur, Medien
- Oberzentrum (OZ): Standortcluster hochwertiger, spezialisierter Einrichtungen im wirtschaftlichen, kulturellen, sozialen und politischen Bereich mit großräumiger Bedeutung
- Mittelzentrum (MZ): Standortcluster mit vielfältigem Infrastrukturangebot für Bevölkerung und Wirtschaft mit regionaler Bedeutung
- Grundzentrum (GZ): Standortcluster mit allen elementaren Versorgungseinrichtungen zur Grundversorgung der Bevölkerung

(vgl. Gebhardt, 2003, S. 3- 8)

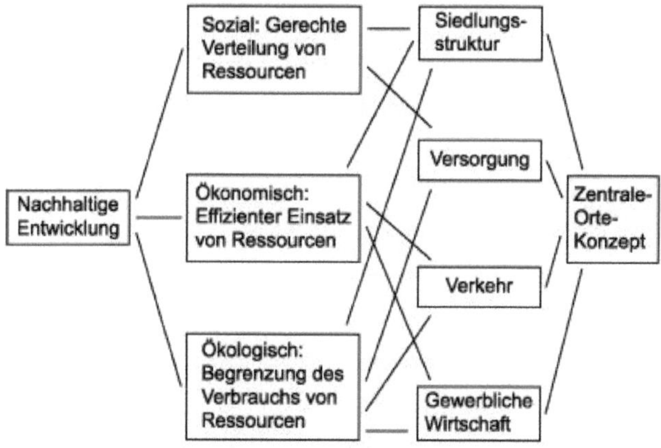

Abb. 4: Das Zentrale Orte Konzept zur Erreichung raumordnungspolitischer Ziele (Quelle: Thüringer Ministerium für Bau, Landesentwicklung und Medien URL:http://www.thueringen.de/imperia/md/images/tmbv/raumordnungundlandesplanung/zentrale_orte _konzept.gif letzter Aufruf: 31.07.2009)

Abbildung 4 zeigt das bei dem Arbeitskreis der Akademie für Raumforschung und Landesplanung entstandene Schaubild. Erstellt wurde es von HANS HEINRICH BLOTEVOGEL und trägt den Titel "Das Zentrale Orte Konzept als Mittel zur Erreichung raumordnungspolitischer Ziele."

Wie auch schon GEBHARDT sieht BLOTEVOGEL das Zentrale Orte Konzept als Instrument zur Umsetzung einer nachhaltigen Entwicklung.

"Für das Leitbild einer nachhaltigen Entwicklung bietet das Zentrale Orte Konzept [...] einen räumlichen Orientierungsrahmen. Es liefert in den Handlungsfeldern Siedlung, Verkehr, Versorgung und gegebenenfalls Wirtschaft Maßstäbe, an denen sich das raumplanerische Handeln perspektivisch ausrichten kann. Zudem ergeben sich aus dem Zentrale Orte Konzept Ansatzpunkte einer am Konzentrationsprinzip orientierten Regionalpolitik." (Thüringer Ministerium für Bau, Landesentwicklung und Medien, S.1)

3.3 Das Raumordnungsgesetz und der "Zentrale Ort"

Unter Raumordnung versteht man die Sicherung, die Entwicklung und die planmäßige Ordnung von bestimmten Gebieten. Deutschland ist bemüht in seinen Landesgrenzen den "Raum" so zu beplanen, dass es den Bundesbürgern zum Leben gerecht wird. Die Planung und Ordnung funktioniert nur über Gesetze- in Deutschland ist es das Raumordnungsgesetz.

Im folgenden werden die Aufgaben und Leitvorstellungen der Raumordnung kurz vorgestellt:

- "Der Gesamtraum der Bundesrepublik Deutschland und seine Teilräume sind durch zusammenfassende, übergeordnete **Raumordnungspläne** und durch Abstimmung raumbedeutsamer Planungen und Maßnahmen zu **entwickeln**, zu **ordnen** und zu **sichern.**"
- "Leitvorstellung bei der Erfüllung der Aufgabe nach Absatz 1 ist eine **nachhaltige Raumentwicklung**, die die sozialen und wirtschaftlichen Ansprüche an den Raum mit seinen ökologischen Funktionen in Einklang bringt und zu einer dauerhaften, großräumig ausgewogenen Ordnung führt. Dabei sind

    1. die **freie Entfaltung der Persönlichkeit** in der Gemeinschaft und in der Verantwortung gegenüber künftigen Generationen zu gewährleisten,

    2. die natürlichen Lebensgrundlagen zu schützen und zu entwickeln,

    3. die Standortvoraussetzungen für wirtschaftliche Entwicklungen zu schaffen,

    4. Gestaltungsmöglichkeiten der Raumnutzung langfristig offen zu halten,

    5. die prägende Vielfalt der Teilräume zu stärken,

    6. **gleichwertige Lebensverhältnisse in allen Teilräumen herzustellen,**

7. die räumlichen und strukturellen Ungleichgewichte zwischen den bis zur Herstel-lung der Einheit Deutschlands getrennten Gebieten auszugleichen,

8. die räumlichen Voraussetzungen für den Zusammenhalt in der Europäischen Gemeinschaft und im größeren europäischen Raum zu schaffen."

(Bundesregierung, 2008, S.2)

Aus den Aufgaben und Leitvorstellungen ist zu erkennen, dass es der Bundesregierung wichtig ist eine nachhaltige Raumentwicklung zu gewährleisten. Des Weiteren geht es der Bundesregierung um die "freie Entfaltung der Persönlichkeit". Meiner Meinung nach eine der wichtigsten Aufgaben der Raumplanung. Unter der freien Entfaltung kann man auch die Daseinsgrundfunktionen (Abb.5) verstehen und genau diese "Lebensverhältnisse" sollen überall im Bundesgebiet "gleichwertig" sein. Dies bedeutet, dass ein Bundesbürger aus

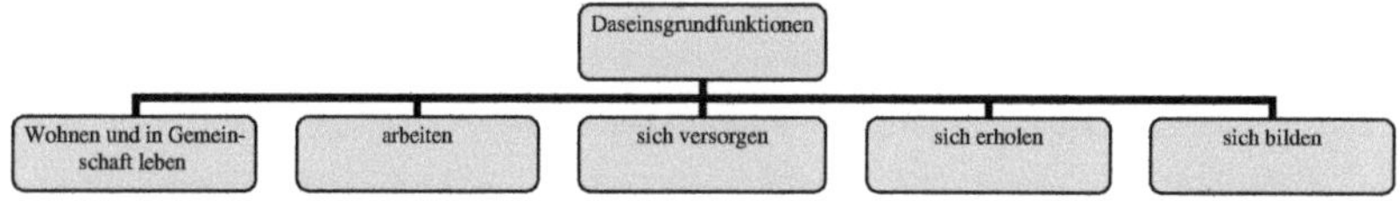

Abb. 5: Daseinsgrundfunktionen (Quelle: eigener Entwurf)

Thüringen die gleichen "Chancen" haben sollte wie ein Bundesbürger in Bayern.

Wie schon mehrfach betont, gilt die Ausweisung von Zentren als Instrument hierfür. Bei der Betrachtung des Raumordnungsgesetzes findet man in den Grundsätzen die Begrifflichkeit "Zentraler Ort".

- "Die dezentrale Siedlungsstruktur des Gesamtraums mit ihrer Vielzahl leistungsfähiger Zentren und Stadtregionen ist zu erhalten. Die Siedlungstätigkeit ist räumlich zu konzentrieren und auf ein System leistungsfähiger **Zentraler Orte** auszurichten."

- "Eine Grundversorgung der Bevölkerung mit technischen Infrastrukturleistungen der Ver- und Entsorgung ist flächendeckend sicherzustellen. Die soziale Infrastruktur ist vorrangig in **Zentralen Orten** zu bündeln."

- "Ländliche Räume sind als Lebens- und Wirtschaftsräume mit eigenständiger Bedeutung zu entwickeln. Eine ausgewogene Bevölkerungsstruktur ist zu fördern. Die **Zentralen Orte** der ländlichen Räume sind als Träger der teilräumlichen Entwicklung zu unterstützen. Die ökologischen Funktionen der ländlichen Räume sind auch in ihrer Bedeutung für den Gesamtraum zu erhalten."

(Bundesregierung, 2008, S. 3- 5)

Der "Zentrale Ort" ist fester Bestandteil des Raumordnungsgesetzes. Was tatsächlich ein "Zentraler Ort" ist, ist Aufgabe der Länder in ihren Landesentwicklungsplänen.

4 Raumordnung in Rheinland- Pfalz

Wie schon in Kapitel 3.3 kurz angesprochen ist die Ausweisung von Zentren Ländersache. Welche Ausstattungen z.B. ein Oberzentrum hat und wann eine Stadt ein Oberzentrum ist wird in den Landesentwicklungsplänen festgehalten.

4.1 Landesentwicklungsplan Rheinland Pfalz

Das Landesentwicklungsprogramm (LEP) von Rheinland- Pfalz beinhaltet das das Leitbild "Daseinsvorsorge". Die "Grundlage für eine gesicherte Daseinsvorsorge ist eine Siedlungsstruktur, die dem Prinzip der dezentralen Konzentration folgt. Grundlage hierfür bildet das **Zentrale Orte Konzept**, denn dieses stellt auch in Zukunft das Standortsystem der Einrichtungen der Daseinsvorsorge der Rückgrat einer effizienten räumlichen Bündelung von Einrichtungen und Dienstleistungen dar." (LEP RLP, 2008, S. 83)

Abb. 6: Zentrale Orte in RLP (Quelle: LEP RLP, 2008, S. 85, größere Darstellung im Anhang 1)

Das Landesentwicklungsprogramm weist fünf Oberzentren aus: Ludwigshafen, Mainz, Koblenz, Kaiserslautern und Trier.

Ein Oberzentrum muss ca. 100.000 Einwohner vorweisen und binnen 90 Minuten erreichbar sein. Des Weiteren sollten hinsichtlich der Gesundheit und Pflege ein Krankenhaus zur Verfügung stehen. Außerdem ein Theater, Schulen, eine Universität, Sportstätten, Behörden und Gerichte sowie ein Bahnhof bzw. ein IC/ICE Haltepunkt zur Verfügung stehen. Diese Ausstattungsmerkmale sind vorzuweisen um als Oberzentrum in Rheinland Pfalz ausgewiesen zu werden.

Mittelzentren weisen ähnliche Ausstattungsmerkmale aus. Grundzentren werden in regionalen Raumordnungsplänen ausgewiesen.

Rheinland Pfalz unterscheidet also zwischen Oberzentrum, Mittelzentrum und Grundzentrum. (vgl. LEP RLP, 2008, S. 83- 89)

4.2 Regionaler Raumordnungsplan Westpfalz 2004

Abb. 7: Zentrale Orte in der Westpfalz (Quelle: Regionaler Raumordnungsplan Westpfalz, 2004, S. 10, größere Karte siehe Anhang 2)

Der Regionale Raumordnungsplan der Westpfalz schließt an den Landesentwicklungsplan von Rheinland Pfalz an. Demnach bedient man sich auch hier dem Instrument des Zentralen Orte Konzepts:

"Mit der Ausweisung des **Netzes hierarchisch gegliederter zentraler Orte** erfolgt die flächendeckende Sicherung eines Mindeststandards an öffentlichen und privaten Einrichtungen und Dienstleistungen für die Bevölkerung im jeweiligen Verflechtungsbereich.

Neben diesem Aspekt der Verteilung der Ressourcen trägt das **Zentrale Orte Konzept** bei zur Begrenzung des Ressourcenverbrauchs sowie zur Effektivierung des Ressourceneinsatzes und unterstützt damit das Prinzip der nachhaltigen Entwicklung." (Regionaler Raumordnungsplan Westpfalz, 2004, S. 6)

Die Ausstattung von Grundzentren in der Westpfalz sieht wie folgt aus:

- Hauptschule

- Arzt

- Apotheke

- Einzelhandelsgeschäfte einschließlich Lebensmittel

- Handwerks- und sonstige Dienstleistungsbetriebe

- Einrichtungen für Freizeit und Erholung

5 Grundzentrum Otterberg

5.1 Geschichtlicher Überblick

Im Jahre 1143 schenkte Graf Sieblfried den Zisterziensermönchen des Klosters Eberbach bei Eltville seine Otterburg, die hier eine Abtei(Abb.8) einrichteten.

Abb. 8: Abteikirche Otterberg (Quelle: http://lh4.ggpht.com/_1ZXU3IazzFU/R31JizDX2AI/AAAAAAAAA1A/
SXSrG9fqYZw/s912/4%20Zisterzienser-Kirche%20Otterberg-11.05.07.jpg letzter Aufruf: 30.07.2009)

Von 1168 bis 1254 bauten die Mönche dann eine Klosteranlage mit einer Abteikirche, die nach dem Speyrer Dom der größte sakrale Bau der Pfalz ist. Der Orden wirkte mehr als 400 Jahre.

1561 verließen die letzten Mönche samt Abt das Kloster, da sie nicht zum protestantischen Glauben überwechseln wollten (Religionswechsel der Pfalzkurfürsten). Die Anlage stand 18 Jahre leer, bis Pfalzgraf Johann Casimir, der unter anderem in Kaiserslautern residierte, hier Wallonen ansiedelte. Die Wallonen waren reformierte Glaubensflüchtige aus dem französischsprachigen Teil des heutigen Belgiens. Noch heute zeigen einige Namen der Otterberger Bürger von deren wallonischen Herkunft. Die Wallonen nutzten die Steine der Klosteranlage zum Bau ihrer Häuser (Abb.9), die teilweise noch erhalten sind.

Abb. 9: Fachwerkhäuser in Otterberg (Quelle: eigene Fotos)

Die Wallonen waren sehr fleißige Leute, die als Tuchmacher, Gerber, Wollweber, Leinenweber, Färber und Hutmacher arbeiteten, so dass Otterberg bereits 1581 die Stadtrechte verliehen wurde. Zu jener Zeit lebten 1600 Bürger in der Stadt.

1634, während des 30- jährigen Krieges, brannte 2/3 der Stadt ab, d.h. die Bevölkerungszahl sank auf etwa 300 Menschen.

Es dauerte fast 100 Jahre, um die alte Bevölkerungszahl wieder zu erhalten.

Durch den Zuzug der Hugenotten, die Ende des 17. Jahrhunderts kamen, erweiterte sich die französische Gemeinde wieder. Im Zeitalter der französischen Revolution, als Otterberg durch die Revolutionskriege 1794/ 1795 zur Republik Frankreich kam, war hier ein Kantonshauptort, Sitz des Friedensgerichts und der Kantonsverwaltung für immerhin 21 umliegende Gemeinden.

Im 19. Jahrhundert, vor allem verkehrstechnisch bedingt, waren in Otterberg keine bedeutenden Entwicklungen zu verzeichnen. (vgl. Jöckle, 1997, S. 45-60)

5.2 Lage und kommunale Verwaltung Otterbergs

Otterberg ist seit 1972 eine Verbandsgemeinde und liegt im Norden des Landkreises Kaiserslautern (Abb. 10) zwischen dem nordpfälzer Bergland und der Haardt. Die Entfernung zu größeren Städten beträgt: Kaiserslautern 8 km - Saarbrücken 70 km - Frankfurt

140 km und Köln-Bonn 240 km.

Abb.10: Der Kreis Kaiserslautern (Quelle: Kreisgebiet Kaiserslautern URL: http://www.kreisgebiet-kaiserslautern.de/karten/kreis_ kaiserslautern.gif letzter Zugriff: 30.07.2009)

Zur Verbandsgemeinde Otterberg (Abb.11) gehören neben der Stadt Otterberg (mit den Höfen Drehenthalerhof, Messerschwanderhof, Maienhof, Birotshof, Lanzenbrunnerhof, Leuerhof, Dudenbacherhof, Reichenbacherhof, Wein-brunnerhof, Althütterhof und Münchschwanderhof) die vier Ortsgemeinden Schneckenhausen, Schallodenbach, Heiligen-moschel und Niederkirchen.

Abb.11 Verbandsgemeinde Otterberg (Quelle: VG Otterberg, 2006, Flyer)

In der Verbandsgemeinde Otterberg leben aktuell etwa 10.000 Bürger (Abb.12)

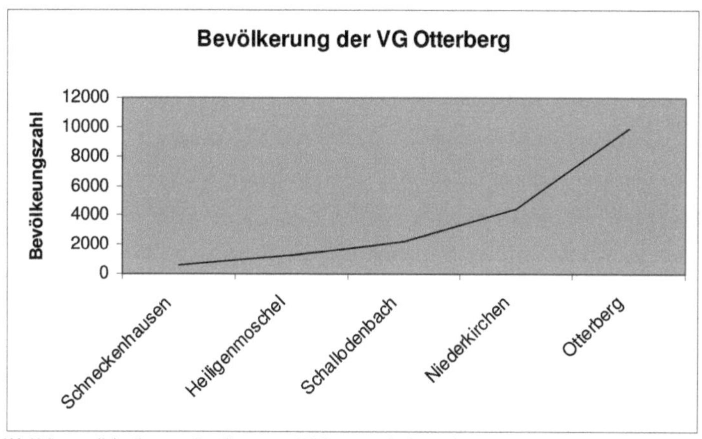

Abb.12 Summenliniendiagramm Bevölkerung der VG Otterberg (Quelle: Verbandsgemeindeverwaltung Otterberg)

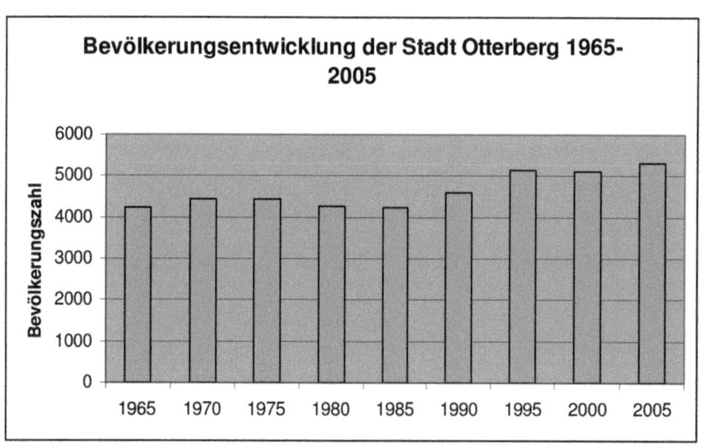

Abb. 13 Säulendiagramm der Bevölkerungsentwicklung der Stadt Otterberg 1965- 2005 (Quelle: Statistisches Bundesamt)

Die Bevölkerungsentwicklung (Abb. 13) in der Stadt Otterberg ist gegenüber dem nationalen Trend leicht zunehmend.

5.3 Erholung, Bildung, Sozialökonomie, Tourismus

Der Erholung dienen in Otterberg der Sportverein Otterberg mit zwei Fußballplätzen und zwei Turnhallen, die Nähe zum Pfälzerwald mit vielen Wanderwegen, ein Freibad, Grillplätze, ein Skatepark und eine Kneippanlage.

In Otterberg gibt es eine Grundschule und eine Integrierte Gesamtschule, an der man den

Abschluss Abitur erreichen kann. Des Weiteren gibt es in Otterberg ein Heimatmuseum und mehrere Kindergärten.

Den Funktionen Kommunikation und in Gemeinschaft leben die Verkehrswege, die Abteikirche, das Gemeindehaus und die Bürgerhalle. Dabei bildet die Kirche eine Art Zentrum der „Begegnung". Sie ist Treffpunkt von Jugend-, Frauen- und Altenkreisen.

Nicht zu vergessen sind die Restaurants, deren Angebot von Pasta bis „Döner" reicht.

In Otterberg findet auch Tourismus statt. Dabei werden vor allem die Abteikirche und die um die Kirche liegende Altstadt besucht. Nach Auskunft des Tourismusbüros werden wöchentlich 5- 10 Touren gebucht.

5.4 Einzelhandelsstandort Otterberg

Otterberg ist nach dem Regionalen Raumordnungsplan Westpfalz ein ausgewiesenes Grundzentrum mit Verwaltung, Fachhandel, Sparkassen und Schulen. Des Weiteren verfügt Otterberg über eine Ausnahmestellung als Verbandsgemeinde.

5.4.1 Angebotsstruktur

Die Einzelhandelsgeschäfte befinden sich vorwiegend in der Hauptstraße (Abb.14) Otterbergs. Dienstleistungsunternehmen wie Post, die beiden Banken, Reinigung, drei Friseurläden und vier Gaststätten sind zwischen die Geschäfte gestreut. Das Angebot wird durch zwei Arztpraxen erweitert.

Die beiden Supermärkte (Pennymarkt, EDEKA) liegen mit ihren eigenen Parkplätzen etwas am Rande der Stadt.

Hier nun ein Verzeichnis der Geschäfte gegliedert nach Bedarfsstufen:

Bedarfsstufe 1:
Radio Profit, Hauptstr. 46
Juwelier Bradler, Hauptstr. 78
Kunstgewerbe, Hauptstr. 48
Nuance Innenausstattung, Hauptstr.72

Bedarfsstufe 2:
Bender Textilien, Hauptstr. 38
Binoth, Hauptstr. 56
Binoth Kids, Hauptstr. 86
Mode Profit, Hauptstr. 90
Schuhcenter, Hauptstr. 45
Bastelladen, Hauptstr. 45

Bedarfsstufe 3:
Apotheke am Kirchplatz, Hauptstr. 63

Wallonenapotheke, Hauptstr. 39
Barbarossa Bäckerei, Hauptstr. 37
Bäckerei Engel, Hauptstr. 60
Wasgau Supermarkt
Fischer Optik, Hauptstr. 87
Penny Markt
Blumenhaus Jakoby, Hauptstr. 81
Schlecker, Hauptstr. 93
Feinkost Kühn, Hauptstr. 68
Metzgerei Kirchner, Hauptstr. 70
Metzgerei Kraus, Johannisstr.
Metzgerei Kuhn, Bergstr.
Toto- Lotto Kiosk, Hauptstr. 97
Tierischer Laden
Quelle Shop, Hauptstr. 49
Foto Weichert, Hauptstr.
Bürobedarf Raufelder, Hauptstr. 58

Abb. 14 Luftbild Otterberg Hauptstraße mit Kartierung der Bedarfsstufen (Quelle: Google Earth und eigene Erhebung)

Nach Bedarfsgruppen (Abb.15) untergliedert entfällt das hauptsächliche Warenangebot auf

Güter des kurzfristigen und des mittelfristigen Bedarfs.

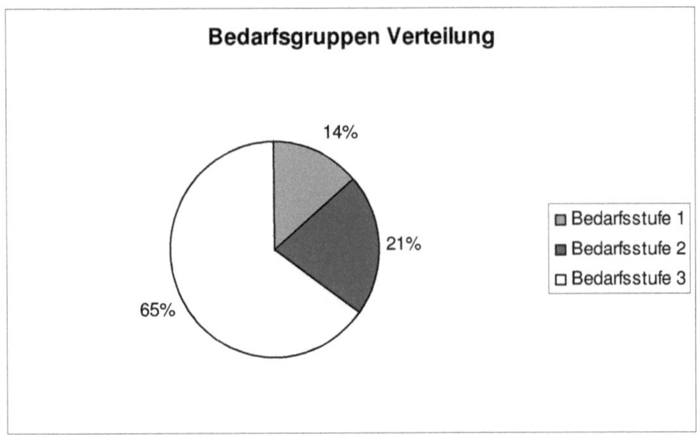

Abb. 15 Kreisdiagramm Bedarfsgruppen Verteilung in % Quelle: eigener Entwurf

Otterberg verfügt also über Apotheken, Bäckereien, Bekleidungsgeschäfte, Blumengeschäfte, Drogerien, Elektrogeschäfte, Fotogeschäfte, Lebensmittelgeschäfte, Metzgereien, Uhren und Schmuckgeschäfte, Schreibwarengeschäfte, Werkmarkt und Haushaltswarengeschäfte und Innenausstattungsgeschäfte.

Dabei sind vorrangig die Branchen Lebensmittel und Bekleidung vertreten.

Auffällig ist, dass die Geschäfte mit ihren Produkten vor allem ältere Menschen ansprechen. So sucht man in einem Bekleidungsgeschäft vergeblich nach aktueller Mode. Dieser Eindruck wird verstärkt, wenn man sich anschaut, welche Altersgruppen in Otterberg einkaufen gehen. Vormittags trifft man fast ausschließlich ältere Menschen an, die ihren Arztbesuch mit dem Einkauf verbinden. Nachmittags ist es gemischt, aber Jugendliche und junge Erwachsene sieht man kaum.

Die folgenden Angaben wurden mir von Christian Horn, Stadtratsmitglied, telefonisch mitgeteilt. Die Geschäfte in der Hauptstraße haben eine mittlere Verkaufsfläche von 154qm und beschäftigen im Schnitt fünf Angestellte.

Auffallend ist, dass viele Geschäfte Familienbetriebe sind, die zum Teil schon seit Generationen (Bäckerei Engel, Bekleidungsgeschäft Binoth) bestehen.

Unentgeltlich mithelfende Familienangehörige, lange Arbeitszeiten der Eigentümer und keine Miete für das eigene Haus lassen diese Geschäfte in Konkurrenz zu den beiden Supermärkten treten.

Der Kundenstamm kommt zu 50% aus dem Stadtgebiet, 30% aus der Verbandsgemeinde und 20% aus dem Umland (Abb.16).

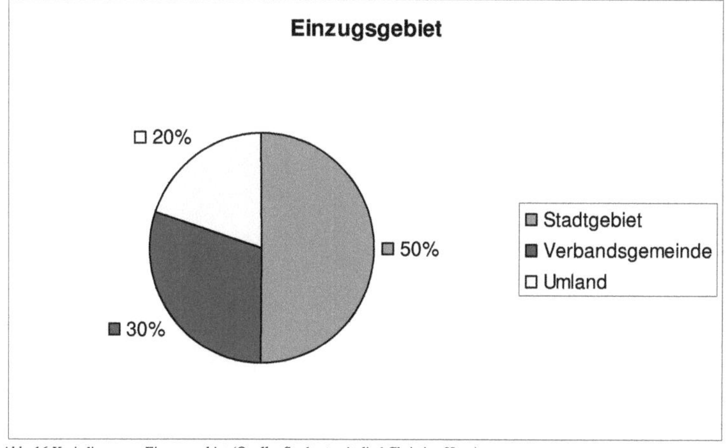

Abb. 16 Kreisdiagramm Einzugsgebiet (Quelle: Stadtratsmitglied Christian Horn)

5.4.2 Erreichbarkeit und Infrastruktur

Die Einzelhandelsgeschäfte kann man als Einwohner sehr gut zu Fuß erreichen. Kunden außerhalb müssen entweder den Bus oder das Auto nehmen.

Die Busverbindung ist gut und wird bevorzugt von älteren Menschen genutzt. Die Parkplatzsituation ist ausreichend. Am Anfang und am Ende der Hauptstraße befinden sich große Parkplätze für bis zu 100 Fahrzeuge. Außerdem kann man in der Hauptstraße auf beiden Seiten parken.

5.4.3 Projekte zur Verbesserung der Einkaufssituation

Am 12. Dezember 2007 wurde die Hauptstraßenmodernisierung gefeiert. Durch dieses große Projekt soll der Einzelhandel attraktiver und angekurbelt werden.

Die Straße wurde verkleinert und dafür der Bürgersteig verbreitert. Außerdem kann man nun auf beiden Seiten der Straße parken.

Der LKW Verkehr ist in der Hauptstraße verboten und wird über eine Umgehungsstraße umgeleitet.

5.4.4 Konkurrenz

Meiner Ansicht nach ist das nahgelegene Oberzentrum Kaiserslautern (8km Entfernung) ein großer Konkurrent. Kaiserslautern ist im Umkreis von 50km die größte Stadt.

Außerdem hat sich in Otterbach (3km Entfernung) eine Art Gewerbegebiet, bestehend aus Lidl, EDEKA, Penny Markt und ALDI, angesiedelt (Abb. 17).

Abb.17 Satellitenbild Konkurrenz (Quelle: Google Earth, URL: http//: maps.google.de/maps?hl=de&tab=wl, letzter Zugriff: 01.08.2009)

Die etwas abseits zur Hauptstraße gelegenen Supermärkte bilden eine Konkurrenz zu den Lebensmittelgeschäften. Die Kette Barbarossa Bäckerei veranlasste eine Bäckerei zur Schließung.

5.4.5 Geschäftsaufgaben und leer stehende Geschäfte

Auffallend sind die leer stehenden Geschäfte in der Hauptstraße. So steht zum Beispiel der Verkaufsraum der ehemaligen Videothek(Abb.11) seit 01.04.2005 leer.

Abb.18 leer stehende Videothek (Quelle: eigenes Foto)

Aktuell ist die Schließung der Bäckerei Lohr zum 01.07.2009. Außerdem musste ein

Sportgeschäft schließen und die Räumlichkeit stehen seither leer. Im Moment stehen sieben Geschäftshäuser leer.

5.4.6 Auswertung und Zusammenfassung

Otterberg besitzt als Grundzentrum zentrale Funktionen und ist sehr wichtig für das Umland.

Der Einzelhandel in Otterberg hat zwei Gesichter. Auf der einen Seite gibt es Geschäfte, die schon mehrere Jahrzehnte erfolgreich wirtschaften. Diese Geschäfte sind zumeist Familienbetriebe, die auf einen großen Kundenstamm verweisen können.

Auf der anderen Seite gibt es viele leer stehende Geschäfte. Woran könnte das liegen?

Meiner Meinung nach, haben Geschäfte, welche Waren des täglichen Bedarfs verkaufen gute Erfolgsaussichten und werden sich in Otterberg noch lange halten. Anhand der Schließungen und der lange leer stehenden Geschäfte kann man erkennen, dass Otterberg nicht attraktiv ist für neue Investoren. Dies kann zum einen an den hohen Mietspreisen, aber auch an der Rentabilität aufgrund des relativ kleinen Einzugsgebietes, liegen.

Die Stadt Otterberg unternimmt einige Anstrengungen, wie der Ausbau der Hauptstraße und Ankurbelung des Tourismus, um den Einkauf in Otterberg attraktiver zu gestalten.

Die Zukunftsaussicht des Einzelhandelsstandorts bewerte ich als durchwachsen.

6 Fazit

Ob das Zentrale Orte Konzept nun ein alter Hut ist oder nicht lässt sich meiner Meinung nach nicht beantworten. Das Konzept ist das Instrument in der Raumplanung, welches eine respektable theoretische Grundlage besitzt. Es hat sich in der Politik und Raumplanung etabliert und macht die Planung greifbar und sichtbar.

Die Ausweisung von Grundzentren hinsichtlich der Grundversorgung ist vor allem in ländlichen Räumen unumgänglich. Die flächendeckende Ausweisung ist aufgrund immer knapperer Mittel nicht möglich.

Bei der Ausweisung von Oberzentren sollte Abstand von starren Gemeindegrenzen genommen werden und wie die ARL vorschlägt, Cluster ausweisen und somit Regionen stärker und effizienter unterstützen.

Das Zentrale Orte Konzept gibt nach wie vor einen großen Beitrag zur Umsetzung des Raumordnungsgesetzes.

Anhang

Anhang 1: Karte Rheinland Pfalz - Verteilung der Zentralen Orte

Abb. 19: Zentrale Orte in RLP (Quelle: LEP RLP, 2008, S. 85)

Anhang 2: Karte Westpfalz - Verteilung der Zentralen Orte

Abb. 22: Zentrale Orte in der Westpfalz (Quelle: Regionaler Raumordnungsplan Westpfalz, 2004, S. 10)

Literaturverzeichnis

- AKADEMIE FÜR RAUMFORSCHUNG UND LANDESPLANUNG (2005): *Handwörterbuch der Raumordnung*, Hannover

- BUNDESREGIERUNG (2006): *Raumordnungsgesetz*, Berlin

- GEBHARDT, H. (2003): *Das Zentrale-Orte-Konzept heute - neoklassischer "Ladenhüter" oder zeitgemäßes Instrument zum "framing" von Planungsprozessen?"*, In: Vortragsmanuskript, Heidelberg

- GEBHARDT, H.; MEUSBURGER, P.; WASTL-WALTER, D. (2008): *Humangeographie*, 4. Auflage, Heidelberg

- HEINEBERG, H. (2004): *Einführung in die Anthropogeographie/ Humangeographie*, 2. Auflage, Paderborn

- HEINEBERG, H. (2006): *Stadtgeographie*, 3. Auflage, Paderborn

- HOFMEISTER, B. (1999): *Stadtgeographie*, 7. Auflage, Braunschweig

- JÖCKLE, C. (1997): *Otterberg: Kirche, Konfession, Geschichte*, Kaiserslautern

- MINISTERIUM DES INNEREN UND FÜR SPORT (2008): *Landesentwicklungsprogramm Rheinland Pfalz*, Mainz

- PLAUNGSGEMEINSCHAFT WESTPFALZ (2004): *Regionaler Raumordnungsplan Westpfalz*, Kaiserslautern

- STIENS, G.; PICK, D. (1998): *Die Zentrale Orte Systeme der Bundesländer.* In: Raumforschung und Raumordnung 56

- THÜRINGER MINISTERIUM FÜR BAU, LANDESENTWICKLUNG UND MEDIEN (2009): *Raumordnung - was ist das?*, URL: http://www.thueringen.de/de/tmblm/rolp/grundlagen/allgemeines/content.html letzter Zugriff: 30.07.2009

BEI GRIN MACHT SICH IHR WISSEN BEZAHLT

- Wir veröffentlichen Ihre Hausarbeit,
  Bachelor- und Masterarbeit

- Ihr eigenes eBook und Buch -
  weltweit in allen wichtigen Shops

- Verdienen Sie an jedem Verkauf

Jetzt bei www.GRIN.com hochladen
und kostenlos publizieren